I0473475

Eletrodinâmica Elementar

Leandro Bertoldo

*Este livro é dedicado a minha esposa Daisy, e a
minha filha Beatriz,
e a você, caro leitor.*

Os homens põem estar sempre a pesquisar, sempre a aprender, e ainda há, para além, o infinito.

Ellen Gould White
Escritora, conferencista, conselheira
e educadora norte-americana.
(1827-1915)

PREFÁCIO

Eis aqui uma teoria,
Apenas uma teoria e nada mais;
como tal, não tem maiores pretensões.

A Física é um campo muito vasto e de vital interesse para os intelectos mais esclarecidos, principalmente porque ela não é estática e revela inúmeras facetas da natureza.

O presente livro começa com algumas definições básicas, como a hipótese de "De Broglie", carga elétrica elementar e ondas. Seguem-se então os conceitos de corrente elementar, potência elementar, resistência quântica, voltagem, etc. Não é, entretanto, o intuito desta obra salientar os conceitos da atual teoria da Mecânica quântica. Seu objetivo é apresentar as conseqüências da antiga teoria quântica, sob o ponto de vista clássico, pois em muitos aspectos sus equações fundamentais permanecem válidas.

Também não é objetivo deste livro apresentar uma teoria minuciosa nem um desenvolvimento sistemático dos fenômenos físicos abordados. Esta obra visa, simplesmente, a apresentar uma descrição matemática de algumas das possíveis conseqüências que emergem do fenômeno "corpuscular-ondulatório".

O presente livro de "Eletrodinâmica Elementar" foi escrito no segundo semestre de 1982, quando o autor contava vinte e três anos de idade. Seu alvo era estudar as relações existentes entre fenômenos ondulatórios e corpusculares. Todavia, seus conceitos foram baseados na antiga teoria quântica, cuja formulação matemática é bastante elementar. Seu principal objetivo consistia na dedução de equações matemáticas que poderiam ter uma aplicação universal.

A teoria foi desenvolvida numa correlação lógica progressiva, visando ao estabelecimento de fórmulas matemáticas que consolidem o corpo da teoria. O máximo cuidado foi tomado para permitir a compreensão do assunto. Mesmo tratando de assuntos complexos, o estilo de livro é lúcido, e a linguagem, clara e direta. As equações são demonstradas com clareza e concisão. O tratamento matemático desenvolvido é adequado ao nível elementar. Todo o texto procura assegurar uma uniformidade de desenvolvimento. Tudo isso torna o assunto tratado acessível a um grande número de interessados.

Ao final da obra foi apresentado um apêndice, que inclui um glossário, uma tábua dos símbolos utilizados e as principais expressões matemáticas que caracterizam a obra.

Que possa o estudo desta singela obra despertar a reflexão do leitor, e que o resultado seja encaminhá-lo a um aprofundamento maior na Física. Este é o sincero desejo do autor.

Leandro Bertoldo

CAPITULO I

ELETRODINÂMICA ELEMENTAR

1. INTRODUÇÃO

A *"Eletrodinâmica Elementar"* é a parte da física quântica de Leandro que estuda tanto as correlações entre as correntes elétricas quanto as relações entre os movimentos ondulatórios e a carga elétrica que se movimenta. Fundamentalmente, a *Eletrodinâmica Elementar* trata do estudo das cargas elétricas elementares em movimento ondulatório, o que corresponde à corrente elétrica discreta.

2. HIPÓTESE DE De Broglie

Entre as grandes realizações do século XX, está a de que as partículas elementares são ondas de matéria. Estas ondas somente foram analisadas após o postulado de *De Broglie*. Neste parágrafo, vou procurar apresentar a hipótese de *De Broglie*.

No ano de 1924, *De Broglie* lançou a hipótese de que as partículas elementares, tais como os elétrons, nêutrons, prótons, etc, comportam-se dentro de uma natureza ondulatória. Para apresentar sua hipótese em forma matemática, *De Broglie* expressou o comprimento de onda (λ) de uma partícula em função de sua quantidade de movimento (Q), de acordo com a seguinte relação:

$$\lambda = h/Q$$

Onde: h corresponde à constante de Planck
λ corresponde ao comprimento de onda da partícula,
Q corresponde à quantidade de movimento da partícula.

3. CARGA ELÉTRICA

Na natureza tudo é constituído por átomos, os quais são formados por partículas elementares, sendo as principais:
a) elétrons,
b) prótons e
c) nêutrons.

Sendo que os prótons e os nêutrons constituem o núcleo do átomo. Em torno desse núcleo movem as partículas chamadas elétrons, dentro de uma região denominada por eletrosfera. Os prótons em presença se repelem, o mesmo acontecendo com os elétrons. Entre um próton e um elétron existe uma atração. Para explicar tal comportamento associa-se ao próton e aos elétrons uma propriedade física denominada *"carga elétrica"*. Os prótons e os elétrons apresentam efeitos elétricos opostos. Logo existem duas classes de cargas elétricas, a saber:

d) Positiva, a carga elétrica do próton,

e) Negativa, a carga elétrica do elétron.

Os nêutrons não apresentam carga elétrica, visto não apresentarem efeitos elétricos.

4. CARGA ELÉTRICA ELEMENTAR

Toda carga elétrica que existe na natureza seja ela positiva ou negativa, é sempre um múltiplo inteiro de uma carga elementar que caracteriza os elétrons e os prótons.

De acordo com a definição da unidade Coulomb (C) e a carga elementar (e), vale:

$$e = 1,60210 . 10^{-19} \text{ C}$$

CAPÍTULO II

CORRENTE ELÉTRICA

01. INTRODUÇÃO

No presente capítulo, iniciarei o estudo de *Eletrodinâmica elementar*. Conceituarei corrente elétrica elementar a analisarei a energia, a voltagem e a potência, oriunda de tal corrente elétrica.

02. CORRENTE ELÉTRICA

Os elétrons giram em torno do núcleo atômico, sob a ação de um campo elétrico. Cada elétron fica sujeito a uma força elétrica $F = e$. $\bar{E}$ de sentido oposto ao vetor $\bar{E}$, pois a carga elementar (e) que caracteriza o elétron é negativa. Sob a ação dessa força, os elétrons alteram suas velocidades. Em cada uma das possíveis órbitas dos elétrons, eles adquirem movimento ordenado, o que vem a constituir a corrente elétrica. Portanto, diz-se que uma corrente elétrica é constituída sempre que cargas elétricas estão em movimento.

03. ONDAS

Os elétrons como as demais partículas elementares apresentam movimento ondulatório. Numa dada órbita os elétrons executam ondas periódicas e, portanto o formato das ondas individuais se repete em intervalos de tempos iguais. As ondas apresentam cristas e vales, de acordo com o indicado na seguinte figura:

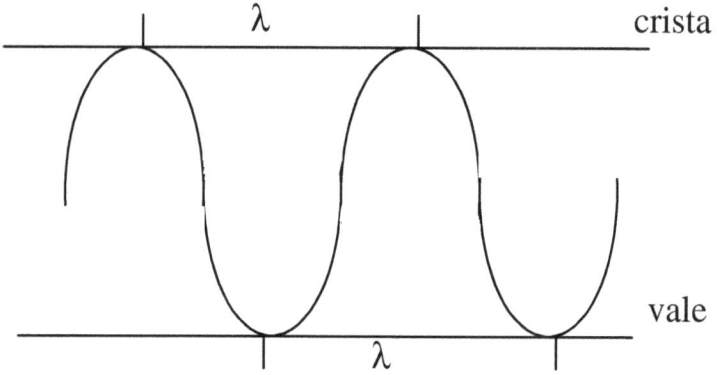

Nas ondas periódicas a distâncias entre duas cristas adjacentes ou entre dois vales adjacentes é sempre a mesma, é representada pela letra grega λ (lambda). Essa distância é denominada por *comprimento de onda*.

04. VELOCIDADE DE PROPAGAÇÃO DA ONDA

O tempo que um pulso ondulatório leva para concluir o comprimento de onda (λ) é o período (T), tempo que o pulso leva para efetuar uma oscilação completa. Pode-se concluir que a onda percorre a distância que caracteriza o comprimento de onda (λ) em um período (T). Logo, a velocidade de propagação da onda é igual ao quociente do comprimento de onda, inversa pelo período.

Simbolicamente, o referido enunciado é expresso pela seguinte relação:

$$V = \lambda/T$$

Sabe-se que o período e a freqüência de um fenômeno que se repete, identicamente, em intervalos de tempos iguais, são relações inversas: conhecido o período determina-se a freqüência e vice-versa.

$$F = 1/T$$

Substituindo convenientemente as duas últimas expressões, vem que:

$$V = \lambda \cdot f$$

Sendo que estas três últimas expressões são fundamentais ao estudo das ondas.

05. INTENSIDADE DE CORRENTE ELEMENTAR

Seja (e) a carga elétrica do elétron que percorre um comprimento de onda (λ) em um período (T).

Então, defino *"intensidade de corrente elementar"*, no período (T), o quociente entre a carga elétrica do elétron, inversa pelo período.

Simbolicamente, o referido enunciado é expresso pela seguinte relação:

$$i = e/T$$

Porém, sabe-se que o período é inverso da freqüência, de acordo com a seguinte relação simbólica:

$$T = 1/f$$

Substituindo convenientemente as duas últimas expressões, vem que:

$$i = e \cdot f$$

Logo, posso concluir que a intensidade de corrente elementar de um elétron em movimento ondulatório é igual à carga elétrica elementar em produto com a freqüência ondulatória de seu movimento.

Este é o caso mais simples de corrente elétrica elementar, com o qual vou procurar fundamentar o estudo da Eletrodinâmica elementar.

06. UNIDADE DE INTENSIDADE DE CORRENTE

A unidade de intensidade de corrente elétrica é a unidade fundamental elétrica do "Sistema Internacional de Unidades" (S.I) e denomina-se *"ampère"* (símbolo A), em homenagem ao cientista francês do mesmo nome.

07. VELOCIDADE E CORRENTE

Demonstrei que a velocidade de propagação do elétron em seu movimento ondulatório é igual ao comprimento de onda em produto com a freqüência.

Simbolicamente, o referido enunciado é expresso pela seguinte igualdade:

$$V = \lambda \cdot f$$

Afirmei que a intensidade de corrente elétrica elementar é igual à carga elétrica em produto com a freqüência.

O referido enunciado é expresso simbolicamente pela seguinte expressão:

$$i = e \cdot f$$

Substituindo convenientemente as duas últimas expressões, vem que:

$$V = \lambda \cdot i/e$$

Logo, posso concluir que a velocidade de propagação do elétron em seu movimento ondulatório é igual ao produto entre o comprimento de onda pela intensidade de corrente elementar, inversa pela carga elétrica elementar.

08. POTÊNCIA ELÉTRICA

A Eletrodinâmica Clássica demonstra que a potência elétrica é igual ao produto existente entre a intensidade de corrente pela diferença de voltagem.

Simbolicamente o referido enunciado é expresso pela seguinte igualdade:

$$p = i \cdot U$$

Porém, demonstrei que a intensidade de corrente elementar de um elétron é igual ao produto existente entre a carga elétrica do elétron pela freqüência.

O referido enunciado é expresso simbolicamente por:

$$i = e \cdot f$$

Substituindo convenientemente as duas últimas expressões, vem que:

$$p = e \cdot f \cdot U$$

Logo, posso concluir que a potência é igual ao produto existente entre a carga elétrica elementar, pela freqüência de propagação do elétron em produto com a voltagem a qual o elétron esta sujeito.

09. POTÊNCIA E A VELOCIDADE

Foi afirmado que a potência é igual ao produto existente entre a intensidade de corrente elétrica pela voltagem a qual o elétron está sujeito.

Simbolicamente, o referido enunciado é expresso por:

$$p = i \cdot U$$

Demonstrei que a corrente elétrica é igual ao produto entre a velocidade de propagação do elétron pela carga elétrica elementar inversa pelo comprimento de onda da partícula. O referido enunciado é expresso simbolicamente pela seguinte relação:

$$i = V \cdot e/\lambda$$

Substituindo convenientemente as duas últimas expressões, vem que:

$$p = V \cdot e \cdot U/\lambda$$

Logo, posso concluir que a potência elétrica oriunda do elétron é igual ao produto existente entre a velocidade de propagação do elétron, pela carga elétrica elementar, pela voltagem a qual o elétron está sujeito, inverso pelo comprimento de onda.

10. POTÊNCIA E ENERGIA

A potência que caracteriza uma partícula elementar em seu movimento ondulatório é igual ao quociente da energia de tal partícula inversa pelo período.

Simbolicamente, o referido enunciado é expresso pela seguinte relação:

$$p = W/T$$

Porém, foi afirmado que o período é igual ao inverso da freqüência. O referido enunciado é expresso simbolicamente por:

$$T = 1/f$$

Substituindo convenientemente as duas últimas expressões, obtém-se que:

$$p = W . f$$

Logo, posso concluir que a potência de uma partícula em movimento ondulatório é igual à energia de tal partícula em produto com a freqüência de propagação de tal partícula.

11. POTÊNCIA E PLANCK

Em 1900, o físico alemão *Max Planck*, formulou uma teoria conhecida como *"teoria dos quanta"*.

Na referida teoria, ele apresentou a seguinte equação:

$$W = h \cdot f$$

Onde (h) é uma constante universal, (W) é a energia, e (f) é a freqüência de propagação da partícula.
Demonstrei que:

$$p = W \cdot f$$

Então, substituindo convenientemente as duas últimas expressões, vem que:

$$p = h \cdot f^2$$

Logo, posso afirmar que a potência energética de um corpúsculo é igual à constante de Planck em produto com o quadrado da freqüência de propagação da partícula.

12. ENERGIA

Afirmei que a potência de uma partícula em movimento ondulatório é igual ao valor da carga elétrica de tal partícula em produto com a freqüência de propagação da referida partícula, multiplicados pela voltagem a qual a partícula está sujeita.

Simbolicamente, o referido enunciado é expresso por:

$$p = e \cdot f \cdot U$$

Afirmei que a potência oriunda de uma partícula em movimento ondulatório é igual a constante universal de Planck em produto com o quadrado da freqüência de propagação de tal partícula.

O referido enunciado é expresso pela seguinte igualdade:

$$p = h \cdot f^2$$

Igualando convenientemente as duas últimas expressões, vem que:

$$e \cdot f \cdot U = h \cdot f^2$$

Eliminado os termos em evidência, resulta que:

$$h \cdot f = e \cdot U$$

Logo, posso concluir que o produto entre a constante de Planck pela freqüência é igual ao valor da carga elétrica pela voltagem a qual a partícula está sujeita.

Porém, Max Planck, afirmou que:

$$W = h \cdot f$$

Então, substituindo convenientemente as duas últimas expressões, vem que:

$$W = e \cdot U$$

Logo, posso concluir que a energia oriunda de uma partícula elementar é igual ao produto existente entre a carga elétrica pela voltagem a qual tal partícula esta sujeita.

13. ENERGIA E CORRENTE ELÉTRICA ELEMENTAR

Demonstrei que:

$$V = e \cdot U$$

Porém, sabe-se que a carga elétrica elementar de uma partícula é igual à relação existente entre a corrente elétrica elementar pela freqüência de propagação do referido corpúsculo.

Simbolicamente, o referido enunciado é expresso pela seguinte relação:

$$e = i/f$$

Substituindo convenientemente as duas últimas expressões, vem que:

$$W = U \cdot i/f$$

Logo, posso concluir que a energia elétrica oriunda de uma partícula elementar é igual ao produto existente entre a voltagem a que essa partícula é submetida pela intensidade de corrente elétrica elementar, inversa pela freqüência de propagação de tal partícula.

14. ENERGIA E FREQÜÊNCIA

Demonstrei que a potência elétrica oriunda de uma partícula elementar em movimento ondulatório é igual ao produto existente entre a carga elétrica elementar, pela freqüência de propagação de tal partícula pela voltagem a que está sujeita.

O referido enunciado é expresso simbolicamente por:

$$p = e \cdot f \cdot U$$

Portanto, posso escrever que:

$$p/f = e . U$$

Porém, demonstrei que:

$$W = e . U$$

Substituindo convenientemente as duas últimas expressões, vem que:

$$W = p/f$$

Logo, posso afirmar que a energia elétrica oriunda de uma partícula elementar é igual à relação existente entre a potência elétrica pela freqüência de propagação de tal partícula.

Porém, demonstrei que a freqüência de propagação de uma partícula elementar é igual à relação existente entre a intensidade de corrente elementar pelo valor da carga elétrica elementar.

Simbolicamente, o referido enunciado é expresso pela seguinte relação:

$$f = i/e$$

Substituindo convenientemente as duas últimas expressões, vem que:

$$W = p/(i/e)$$

Logo, resulta:

$$W = p . e/i$$

Logo, posso afirmar que a energia elétrica oriunda de uma partícula é igual ao produto existente entre a potência elétrica pela carga elétrica elementar, inversa pela intensidade de corrente elétrica elementar.

15. ENERGIA, CORRENTE E CARGA ELÉTRICA.

Max Planck afirmou que a energia de uma partícula é igual à constante de Planck em produto com a freqüência de propagação de tal partícula.

Simbolicamente, o referido enunciado é expresso pela seguinte igualdade:

$$W = h . f$$

Demonstrei que freqüência de propagação de uma partícula elementar é igual ao quociente da intensidade de corrente elétrica elementar, inversa pela carga elétrica elementar.

O referido enunciado é expresso simbolicamente pela seguinte relação

$$f = i/e$$

Substituindo convenientemente as duas últimas expressões, vem que:

$$W = h \cdot i/e$$

Logo, posso concluir que a energia elétrica de uma partícula é igual ao produto existente entre a constante de Planck pela intensidade de corrente elétrica elementar, inversa pela carga elétrica elementar.

Porém a relação existente entre a constante de Planck pela carga elétrica elementar, resulta em uma constante genérica.

Simbolicamente, o referido enunciado é expresso pela seguinte igualdade:

$$\alpha = h/e$$

Substituindo convenientemente as duas últimas expressões, vem que:

$$W = \alpha \cdot i$$

Logo, posso concluir que a energia elétrica quântica é diretamente proporcional à intensidade de corrente elétrica elementar.

16. VOLTAGEM E FREQÜÊNCIA

Demonstrei que o produto existente entre a carga elétrica elementar pela voltagem é igual ao produto entre a constante de Planck pela freqüência. Simbolicamente, o referido enunciado é expresso pela seguinte igualdade:

$$e \cdot U = h \cdot f$$

Portanto, posso escrever que:

$$U = h \cdot f/e$$

Porém, demonstrei que:

$$\alpha = h/e$$

Substituindo convenientemente as duas últimas expressões, vem que:

$$U = \alpha \cdot f$$

Logo, posso concluir que a voltagem a qual uma partícula elementar está sujeita é diretamente proporcional à freqüência de propagação de tal partícula.

17. ENERGIA E VOLTAGEM

Demonstrei que a energia elétrica oriunda de uma partícula elementar é diretamente proporcional à intensidade de corrente elementar.

Simbolicamente, o referido enunciado é expresso por:

$$W = \alpha \cdot i$$

Demonstrei que a voltagem a qual uma partícula elementar está sujeita é diretamente proporcional à freqüência de propagação de tal partícula.

Substituindo convenientemente as duas últimas expressões, vem que:

$$U/f = W/i$$

CAPÍTULO III

RESISTÊNCIA QUÂNTICA

1. INTRODUÇÃO

A grandeza que denominei por *"Resistência Quântica"* é um fenômeno cuja natureza física desconheço, porém vou mostrar que se trata de uma constante universal.

2. LEI DE LEANDRO

Demonstrei que a voltagem a qual uma partícula está sujeita é igual à constante de Planck em produto com a freqüência, inversa pela carga elétrica elementar.

Simbolicamente, o referido enunciado é expresso pela seguinte relação:

$$U = h \cdot f/e$$

Porém, demonstrei que a freqüência é igual à relação existente entre a intensidade de corrente elementar, inversa pela carga elétrica.

Simbolicamente, o referido enunciado é expresso pela seguinte relação:

$$f = i/e$$

Substituindo convenientemente as duas últimas relações, obtém-se que:

$$U = h \cdot i/e^2$$

Onde a relação entre a constante de Planck pelo quadrado da carga elétrica elementar é uma constante genérica denominada por resistência quântica.

Simbolicamente, o referido enunciado é expresso por:

$$\Omega = h/e^2$$

Substituindo convenientemente as duas últimas expressões, vem que:

$$U = \Omega \cdot i$$

Logo, posso concluir que a voltagem a qual uma partícula elementar está sujeita é igual ao produto entre a resistência quântica pela intensidade de corrente elétrica discreta.

A referida expressão simboliza a lei de Leandro, que relaciona a causa do movimento da partícula elementar com o efeito.

3. POTÊNCIA E RESISTÊNCIA QUÂNTICA NATURAL ELEMENTAR

Afirmei que a potência elétrica discreta de uma partícula elementar é igual à constante de Planck em produto com o quadrado da freqüência média de propagação da partícula elementar.

Simbolicamente, o referido enunciado é expresso pela seguinte igualdade:

$$p = h \cdot f^2$$

Porém, o quadrado da freqüência de propagação da partícula é igual ao quociente do quadrado da intensidade de corrente discreta, inversa pelo quadrado da carga elétrica elementar.

Simbolicamente, o referido enunciado é expresso pela seguinte relação:

$$f^2 = i^2/e^2$$

Substituindo convenientemente as duas últimas expressões, resulta que:

$$p = h \cdot i^2/e^2$$

Porém, demonstrei que a resistência quântica natural elementar é igual ao quociente da constante de Planck, inversa pelo quadrado do valor da carga elétrica elementar.

Simbolicamente, o referido enunciado é expresso pela seguinte relação:

$$\Omega = h/e^2$$

Substituindo convenientemente as duas últimas expressões, vem que:

$$p = \Omega \cdot i^2$$

Isso me permite concluir que a potência elétrica de uma partícula elementar carregada é igual ao produto existente entre a resistência quântica elementar pelo quadrado da intensidade de corrente discreta.

A referida lei pode ser deduzida de uma forma: como se sabe, a potência elétrica é igual ao produto existente entre a voltagem pela intensidade de corrente elétrica discreta.

Simbolicamente, o referido enunciado é expresso por:

$$p = U \cdot i$$

Porém, demonstrei que a voltagem é igual ao produto existente entre a resistência quântica pela intensidade de corrente elétrica discreta.

O referido enunciado é expresso simbolicamente pela seguinte igualdade:

$$U = \Omega \cdot i$$

Substituindo convenientemente as duas últimas expressões, vem que:

$$p = \Omega \cdot i^2$$

Porém posso afirmar que o quadrado da intensidade de corrente elétrica elementar discreta é igual ao quociente do quadrado da voltagem a qual a partícula está sujeita pelo quadrado da resistência quântica natural elementar.

Simbolicamente, o referido enunciado é expresso por:

$$i^2 = U^2/\Omega^2$$

Substituindo convenientemente as duas últimas expressões, vem que:

$$p = \Omega \cdot U^2/\Omega^2$$

Eliminando os termos em evidência, resulta:

$$p = U^2/\Omega$$

Logo posso concluir que a potência elétrica discreta que caracteriza uma partícula elementar é igual ao quociente do quadrado da voltagem a qual a partícula está sujeita, inversa pela resistência quântica natural elementar.

4. ENERGIA E RESISTÊNCIA QUÂNTICA

Demonstrei que a potência oriunda de uma partícula elementar é igual ao produto existente entre a resistência quântica pelo quadrado da intensidade de corrente elétrica.

Simbolicamente, o referido enunciado é expresso por:

$$p = \Omega \cdot i^2$$

Porém, demonstrei que a potência oriunda de um corpúsculo em movimento ondulatório é igual à energia que o mesmo apresenta em produto com a freqüência de propagação do mesmo.

Simbolicamente, o referido enunciado é expresso pela seguinte igualdade:

$$p = W \cdot f$$

Igualando convenientemente as duas últimas expressões, vem que:

$$W \cdot f = \Omega \cdot i^2$$

Logo, posso escrever que:

$$W = \Omega \cdot i^2/f$$

Logo, posso concluir que a energia que uma partícula elementar apresenta é igual ao produto existente entre a resistência quântica pelo quadrado da intensidade de corrente elétrica discreta, inversa pela freqüência de propagação de tal partícula.

5. FREQÜÊNCIA E RESISTÊNCIA QUÂNTICA

Afirmei que a potência oriunda de uma partícula elementar é igual ao produto existente entre a resistência quântica pelo quadrado da intensidade da corrente elétrica discreta.

O referido enunciado é expresso simbolicamente pela seguinte relação:

$$p = \Omega \cdot i^2$$

Mas, demonstrei que a potência oriunda de uma partícula elementar é igual ao produto existente entre a constante de Planck pelo quadrado da freqüência de propagação de tal partícula.

Simbolicamente, o referido enunciado é expresso pela seguinte igualdade:

$$p = h \cdot f^2$$

Igualando convenientemente as duas últimas expressões, vem que:

$$h \cdot f^2 = \Omega \cdot i^2$$

Logo, posso escrever que:

$$f^2 = \Omega \cdot i^2/h$$

Desse modo, posso concluir que o quadrado da freqüência de propagação de uma partícula elementar é igual ao produto existente entre a resistência quântica pelo quadrado da intensidade de corrente discreta, inversa pela constante de Planck.

6. VOLTAGEM E RESISTÊNCIA QUÂNTICA

Afirmei que a potência oriunda de uma partícula elementar e igual ao produto existente entre a carga elétrica elementar, pela freqüência de propagação da partícula pela voltagem a qual a mesma está sujeita.

Simbolicamente, o referido enunciado é expresso pela seguinte igualdade:

$$p = e \cdot f \cdot U$$

Porém, sabe-se que a potência oriunda de uma partícula elementar é igual ao produto existente entre a resistência quântica pelo quadrado da intensidade de corrente elétrica discreta. O referido enunciado é expresso simbolicamente pela seguinte igualdade:

$$p = \Omega \cdot i^2$$

Igualando convenientemente as duas últimas expressões, vem que:

$$e \cdot f \cdot U = \Omega \cdot i^2$$

Desse modo, posso escrever que:

$$U^2 = \Omega \cdot i^2/e \cdot f$$

Logo, posso concluir que a voltagem a qual uma partícula elementar está sujeita e igual ao produto existente entre a resistência quântica pelo quadrado da intensidade de corrente elétrica discreta, inversa pelo produto existente entre a carga elétrica elementar pela freqüência de propagação de tal partícula.

7. ENERGIA, RESISTÊNCIA QUÂNTICA E VOLTAGEM.

Afirmei que a potência elétrica oriunda de uma partícula elementar carregada é igual ao quociente do quadrado da voltagem a qual tal partícula está sujeita, inversa pela resistência quântica discreta. Simbolicamente, o referido enunciado é expresso pela seguinte relação:

$$p = U^2/\Omega$$

Sabe-se que a potência proveniente de uma carga elétrica elementar que caracteriza uma partícula é igual à energia que a mesma apresenta em produto com a freqüência de propagação de tal partícula.

O referido enunciado é expresso simbolicamente pela seguinte igualdade:

$$p = W \cdot f$$

Igualando convenientemente as duas últimas expressões, vem que:

$$U^2 / \Omega = W \cdot f$$

Logo posso escrever que:

$$W = U^2 / \Omega \cdot f$$

Desse modo, posso concluir que a energia elétrica oriunda de uma partícula elementar eletricamente carregada é igual ao quociente do quadrado da voltagem a qual a partícula está sujeita, inversa pelo produto existente entre a resistência quântica pela freqüência de propagação da partícula discreta.

8. FREQÜÊNCIA, VOLTAGEM E RESISTÊNCIA QUÂNTICA.

Sabe-se que a potência elétrica oriunda de uma partícula elementar eletricamente carregada é igual ao produto existente entre a constante de Planck pelo quadrado da freqüência de propagação de tal partícula.

O referido enunciado é expresso simbolicamente pela seguinte igualdade:

$$p = h \cdot f^2$$

Demonstrei a seguinte relação:

$$p = U^2/\Omega$$

Substituindo convenientemente as duas últimas expressões, vem que:

$$U^2/\Omega = h \cdot f^2$$

Logo, posso escrever que:

$$f^2 = U^2/\Omega \cdot h$$

Desse modo, posso concluir que o quadrado da freqüência de propagação de uma partícula elementar é igual ao quociente do quadrado da voltagem, inversa pelo produto existente entre a resistência quântica pela constante de Planck.

9. VOLTAGEM, RESISTÊNCIA QUÂNTICA E CARGA ELÉTRICA.

Demonstrei que a potência oriunda de uma partícula elementar é igual ao produto existente entre a carga elétrica elementar pela freqüência de propagação da partícula e pela voltagem a qual a referida partícula está sujeita.

Simbolicamente, o referido enunciado e expresso pela seguinte igualdade:

$$p = e \cdot f \cdot U$$

Porém, demonstrei que a potência elétrica oriunda de uma partícula discreta pode ser expressa por:

$$p = U^2/\Omega$$

Igualando convenientemente as duas últimas expressões, vem que:

$$U^2/\Omega = e \cdot f \cdot U$$

Logo, posso escrever que:

$$U/\Omega = e \cdot f$$

Desse modo, posso afirmar que:

$$U = \Omega \cdot e \cdot f$$

Então, conclui-se que a voltagem a qual uma partícula discreta está sujeita é igual ao produto existente entre a resistência quântica pela carga elétrica elementar e pela freqüência de propagação da referida partícula.

CAPÍTULO IV

ELETRODINÂMICA DA ELETROSFERA

1. INTENSIDADE DE CORRENTE ELÉTRICA DE UMA CARGA EM ÓRBITA.

Uma partícula elementar elétrica que circula numa órbita constitui uma corrente elétrica cuja intensidade é igual ao quociente do valor da carga elétrica da partícula, inversa pelo período. Simbolicamente, o referido enunciado é expresso pela seguinte relação:

$$i = e/T$$

Porém a mecânica mostra que:

$$T = 2\pi \cdot R/V$$

Substituindo convenientemente as duas últimas expressões, vem que:

$$i = e \cdot V/2\pi \cdot R$$

Agora aplicando condições de contorno adequadas às ondas de matéria do átomo de hidrogênio, pode ter um comprimento de onda tal, que a circunferência de raio "r", de uma órbita de Bohr, se torne um múltiplo inteiro do aludido comprimento.

Portanto, o comprimento de onda de *De Broglie* (λ = h/Q) foi escolhido de tal modo que a órbita de raio R contenha um número inteiro n de ondas de matéria, ou seja,

$$2\pi \, . \, R/\lambda = n$$

Portanto, posso escrever que:

$$n \, . \, \lambda = 2\pi \, . \, R$$

Logicamente, resulta que:

$$i = e \, . \, V/n \, . \, \lambda$$

De Broglie demonstrou que a quantidade de movimento de uma partícula é igual ao quociente da constante de Planck, inversa pelo comprimento de onda.

Simbolicamente, o referido enunciado é expresso pela seguinte relação:

$$Q = h/\lambda$$

Porém, a física clássica mostra que a quantidade de movimento é igual ao produto existente entre a massa da partícula pela velocidade da mesma. O referido enunciado é expresso simbolicamente pela seguinte igualdade:

$$Q = m \cdot v$$

Igualando convenientemente as duas últimas expressões, vem que:

$$m \cdot V = h/\lambda$$

Portanto, posso escrever que:

$$V = h/m \cdot \lambda$$

Então, substituindo a referida expressão na equação:

$$i = e \cdot V/n \cdot \lambda$$

Resulta que:

$$i = e \cdot h/n \cdot \lambda \cdot m \cdot \lambda$$

Logo vem que:

$$i = e \cdot h/n \cdot m \cdot \lambda^2$$

2. ENERGIA CINÉTICA

A energia cinética de uma partícula é expressa simbolicamente por:

$$W_C = \tfrac{1}{2} \cdot m \cdot V^2$$

Porém, sabe-se que:

$$V^2 = h^2/m^2 \cdot \lambda^2$$

Substituindo convenientemente as duas últimas expressões, vem que:

$$W_C = \tfrac{1}{2} \cdot m \cdot h^2/m^2 \cdot \lambda^2$$

Eliminando os termos em evidência, resulta que:

$$W_C = h^2/2m \cdot \lambda^2$$

Pela equação:

$$i = e \cdot h/n \cdot m \cdot \lambda^2$$

Posso escrever que:

$$m . \lambda^2/h = e/n . i$$

Pela equação:

$$W_C = h^2/2m . \lambda^2$$

Posso escrever que:

$$m . \lambda^2/h = h/2E_C$$

Igualando convenientemente ambas as expressões, vem que:

$$e/n . i = h/2E_C$$

Logo posso escrever que:

$$W_C = n . h . i/2e$$

3. CAMPO MAGNÉTICO DE UMA PARTÍCULA ELÉTRICA EM ÓRBITA

Um elétron girando em torno do núcleo atômico apresenta um campo magnético no centro; determinado segundo a lei de *Biot-Savart*:

$$\Delta B = \mu_0 \,.\, i \,.\, \Delta l / 4\pi \,.\, R^2$$

E, no centro a intensidade do campo magnético $\vec{B}$ será:

$$B = \Sigma \Delta B = \Sigma \mu_0 \,.\, i \,.\, \Delta l / 4\pi \,.\, R^2 = \mu_0 \,.\, i / 4\pi \,.\, R^2 \,.\, \Sigma \Delta l$$

Sendo $\Sigma \Delta l = 2\pi \,.\, R$ (comprimento de uma circunferência), obtém-se:

$$B = \mu_0 \,.\, i \,.\, 2\pi \,.\, R / 4\pi \,.\, R^2$$

Porém, sabe-se que:

$$n \,.\, \lambda = 2\pi \,.\, R$$

Substituindo convenientemente as duas últimas expressões, resulta que:

$$B = \mu_0 \,.\, i \,.\, n \,.\, \lambda / 4\pi \,.\, R^2$$

Porém, demonstrei que:

$$i = e \,.\, V / n \,.\, \lambda$$

Substituindo convenientemente as duas últimas expressões, vem que:

$$B = \mu_0 . e . V . n . \lambda/4\pi . n . \lambda . R^2$$

Eliminando os termos em evidência, resulta que:

$$B = \mu_0 . e . V/4\pi . R^2$$

Sabe-se que:

$$V = h/m . \lambda$$

Substituindo convenientemente as duas últimas expressões, posso escrever que:

$$B = \mu_0 . e . h/4\pi . R^2 . m . \lambda$$

Sabe-se que:

$$2\pi = n . \lambda/2R$$

Substituindo convenientemente as duas últimas expressões, vem que:

$$B = (\mu_0/2n . \lambda)/R = e . h/ R^2 . m . \lambda$$

Então vem que:

$$B = \mu_0 \cdot R/2n \cdot \lambda/ = e \cdot h/R^2 \cdot m \cdot \lambda$$

que:

Eliminado os termos em evidência, resulta

$$B = \mu_0 \cdot n \cdot e \cdot h/2m \cdot R^3$$

4. CAMPO ELÉTRICO DO NÚCLEO ATÔMICO

Escrevendo a lei que traduz a intensidade de força numa partícula carregada, tem-se que:

$$F = e \cdot \bar{E}$$

Logo, o elétron girando em torno do núcleo atômico e sujeito ao campo $\bar{E}$, implica que:

$$e \cdot \bar{E} = m \cdot V^2/R$$

Portanto, vem que:

$$\bar{E} = m \cdot V^2/e \cdot R$$

Porém, posso afirmar que:

a)
$$2W_C = m \cdot V^2$$

b) $$2\,W_C = n \cdot h \cdot i/e$$

c) $$2W_C = h^2/m \cdot \lambda^2$$

Substituindo convenientemente a expressão (a) em

$$\bar{E} = m \cdot V^2/e \cdot R$$

Vem que:

$$\bar{E} = 2W_C/\,e \cdot R$$

Substituindo a referida expressão em (b), vem que:

$$\bar{E} = n \cdot h \cdot i/\,R \cdot e^2$$

Substituindo convenientemente a expressão (c) em

$$\bar{E} = 2W_C/e \cdot R$$

Vem que:

$$\bar{E} = h^2/e \cdot m \cdot \lambda^2 \cdot R$$

5. VELOCIDADE ANGULAR E EQUAÇÃO DE De Broglie

De Broglie demonstrou que:

$$n \cdot \lambda = 2\pi \cdot R$$

No movimento circular uniforme, a velocidade angular é constante. O tempo gasto em descrever um ângulo de 2π rad. é o que chama-se de período (T), de forma que a velocidade angular em tal movimento é expressa por:

$$\omega = 2\pi/T$$

A expressão de *De Broglie* permite escrever que:

$$2\pi = n \cdot \lambda/R$$

Substituindo convenientemente as duas últimas expressões, vem que:

$$\omega = n \cdot \lambda/R \cdot T$$

Como a freqüência é o inverso do período, posso escrever que:

$$\omega = n \cdot \lambda \cdot f/R$$

6. VELOCIDADE TANGENCIAL

De Broglie demonstrou que:

$$n . \lambda = 2\pi . R$$

A velocidade tangencial em termos angulares é expressa por:

$$V = 2\pi . R/T$$

Onde a letra (T) representa o período de tempo empregado para descrever um ângulo de 2π rad.

Substituindo convenientemente as duas últimas expressões, vem que:

$$V = n . \lambda/T$$

Porém, tal período (T) é o inverso de sua freqüência (f), portanto, posso escrever que:

$$V = n . \lambda . f$$

Onde a letra (f), representa a freqüência do ângulo de 2π rad.

7. FORÇA CENTRÍPETA

A segunda lei de *Newton* afirma que a resultante das forças que atuam num corpo é igual ao produto da massa do corpo por sua aceleração. Sabe-se que um corpo em movimento circular uniforme possui uma aceleração sempre dirigida para o centro da circunferência e que por isso é chamada *aceleração centrípeta*, logo tal copo está sujeito a uma força sempre dirigida para o centro da circunferência e por isso é chamada *força centrípeta*. Tal força é expressa por:

$$F_C = m \cdot \omega^2 \cdot R$$

Porém, posso escrever que:

$$\omega^2 = 4\pi^2/T^2$$

Substituindo convenientemente as duas últimas expressões, vem que:

$$F_C = m \cdot 4\pi^2 \cdot R/T^2$$

Com relação à equação *De Broglie*, posso escrever que:

$$2\pi \cdot n \cdot \lambda = 4\pi^2 \cdot R$$

Substituindo convenientemente as duas últimas expressões, vem que:

$$F_C = m \cdot 2\pi \cdot n \cdot \lambda/T^2$$

Porém, como o período é o inverso de sua freqüência, posso escrever que:

$$F_C = m \cdot 2\pi \cdot n \cdot \lambda \cdot f^2$$

Sabe-se que a força centrípeta, também é expressa por:

$$F_C = m \cdot V^2/R$$

Posso escrever que:

$$V^2 = 4\pi^2 \cdot R^2/T^2$$

Substituindo convenientemente as duas últimas expressões, resulta que:

$$F_C = m \cdot 4\pi^2 \cdot R^2/R \cdot T^2$$

Eliminando os termos em evidência, vem que:

$$F_C = m \cdot 4\pi^2 \cdot R/T^2$$

O que resulta na equação anterior.

8. MOMENTO DE DIPOLO MAGNÉTICO ORBITAL

Mostra-se na teoria eletromagnética elementar, que uma carga elétrica que circula numa órbita constitui uma corrente, que produz um campo magnético equivalente, a grandes distâncias da órbita, a um campo produzido por um dipolo magnético localizado em seu centro e orientado perpendicularmente ao seu plano. Para uma corrente i numa órbita de área A o módulo do momento de dipolo magnético orbital μ_l do dipolo equivalente é dada por:

$$\mu_l = i \cdot A$$

Porém, a área é expressa por:

$$A = \pi \cdot R^2$$

Substituindo convenientemente as duas últimas expressões, vem que:

$$\mu_l = i \cdot \pi \cdot R^2$$

Sabe-se que:

$$n \cdot \lambda = 2\pi \cdot R$$

Portanto, posso escrever que:

$$n \cdot \lambda \cdot R/2 = \pi \cdot R^2$$

Logo se conclui que:

$$\mu_1 = i \cdot n \cdot \lambda \cdot R/2$$

Porém, demonstrei que:

$$i = e \cdot V/n \cdot \lambda$$

Substituindo convenientemente as duas últimas expressões, vem que:

$$\mu_1 = e \cdot V \cdot n \cdot \lambda \cdot R/2n \cdot \lambda$$

Eliminando os termos em evidência, vem que:

$$\mu_1 = e \cdot V \cdot R/2$$

Demonstrei que:

$$B = \mu_0 \cdot e \cdot V/4\pi \cdot R^2$$

Substituindo convenientemente as duas últimas expressões, vem que:

$$2\mu_1/R = B . 4\pi . R^2/\mu_0$$

Assim, vem que:

$$\mu_1/B = 4\pi . R^2 . R/2\mu_0$$

que:

Eliminando os termos em evidência, vem

$$\mu_1/B = 2\pi . R^3/\mu_0$$

Sabe-se que:

$$n . \lambda = 2\pi . R$$

Substituindo convenientemente as duas últimas expressões, vem que:

$$\mu_1/B = n . \lambda . R^2/\mu_0$$

Constantes Físicas

GRANDEZA
VALOR

Carga Elementar
$1,60 . 10^{-19}$ C
Constante Genérica
$4,14 . 10^{-15}$ joule s/C
Constante de Planck
$6,63 . 10^{-34}$ joule s
Massa de um Elétron
$9,11 . 10^{-31}$ Kg
Permeabilidade Magnética do Vácuo
$1,26 . 10^{-6}$ henry/m
Pi
$3,1416$
Raio de Bohr
$5,29 . 10^{-11}$ m
Resistência Quântica
$2,58 . 10^{4}$ joule s/C

Expressões Matemáticas

Campo Elétrico: $\bar{E} = \Omega \cdot n \cdot i/R$

Campo Magnético: $B = \mu_0 \cdot e \cdot V/4\pi \cdot R^2$

Comprimento de Onda de Matéria: $\lambda = h/Q$

Diferença de Potencial Elétrico: $U = \alpha \cdot f = \Omega \cdot i$

Energia: $W = h \cdot f = e \cdot U = \alpha \cdot i$

Energia Cinética: $W_C = \frac{1}{2} \cdot m \cdot V2 = W_C = \frac{1}{2} \cdot \alpha \cdot n \cdot i$

Freqüência: $f = 1/T$

Intensidade de Corrente Elementar: $i = e \cdot f$

Momento de Dipolo Magnético Orbital: $\mu_1 = n \cdot \lambda \cdot R^2$

Número de Ondas de Matéria do Nível Orbital: $n \cdot \lambda = 2\pi \cdot R$

Potência Elétrica: $p = i \cdot U = W \cdot f = h \cdot f^2 = \Omega \cdot i^2 = U^2/\Omega$

Quantidade de Movimento: $Q = m \cdot V$

Velocidade Angular: $\omega = n \cdot f \cdot \lambda/R$

Velocidade de Propagação de Onda: $V = \lambda \cdot f$

Tabela de Símbolos

GRANDEZA

SÍMBOLO

Área

A

Campo elétrico

$\bar{E}$

Carga elementar

e

Comprimento de onda

λ

Constante genérica

α

Constante de Planck

h

Diferença de potencial elétrico

U

Dipolo magnético orbital

μ_1

Elemento de órbita

Δl

Energia

W

Energia cinética

W_C

Força

F

Força centrípeta

F_C

Freqüência

f

Igual a

=

Indução magnética

B

Intensidade de corrente

i

Massa

m

Número de ondas

n

Período

T

Permeabilidade magnética do vácuo

μ_0

Pi

π

Potência

p

Quantidade de movimento

Q

Raio

R

Bibliografia

ALONSO, M. & E.J. FINN. 1977. *Física: um curso universitário.* 2ª ed. SP: Edgard Blücher. Tradução Mário A. Guimarães, Darwin Bassi, Mituo Uehara e alvimar A. Bernardes.

EISBERG, R. & R; RESNICK. 1979. *Física quântica: átomos, moléculas, sólidos, núcleos e partículas.* RJ: Campus. Tradução Paulo Costa Ribeiro, Enio Frota da Silveira e Marta Feijó Barroso.

FERREIRA, L.C. 1975. *Estudo dirigido de Física.* 2ª ed. SP: Nacional.

JUNIOR, F. R., J. I. C. dos SANTOS, N. G. FERRARO & P. A. de T. SOARES. 1976. *Os fundamentos da Física.* 1ª ed. SP: Moderna.

MASTERTON, W. L. & E. J. SLOWINSKI. 1978. *Química Geral Superior.* 4ª ed. RJ: Interamericana. Tradução Domingos Cachineiro Dias Neto e Antonio Fernando Rodrigues.

RESNICK, R. & D. HALLIDAY. 1979. *Física.* 2ª ed. RJ: Livros Técnicos e Científicos. Tradução Antonio Maximo R. Luz, Beatriz Alvarenga Alvarez, Jésus de Oliveira e Márcio Quintão Moreno.

TIPLER, P. A. 1978. *Física*. RJ: Guanabara, Tradução Horacio Macedo.